ÉTUDE

SUR LA

SCAMMONÉE

DE MONTPELLIER

PAR

Gustave-Henri LAVAL

PHARMACIEN DE Iʳᵉ CLASSE

Bachelier ès sciences, lauréat de l'École supérieure de pharmacie
de Montpellier (*Médaille d'or*).

MONTPELLIER

GRAS, IMPRIMEUR-LIBRAIRE

—

1861

ÉTUDE

SUR LA

SCAMMONÉE

DE MONTPELLIER

PAR

Gustave-Henri LAVAL

PHARMACIEN DE Ire CLASSE

Bachelier ès sciences, lauréat de l'École supérieure de pharmacie
de Montpellier (*Médaille d'or*).

MONTPELLIER

GRAS, IMPRIMEUR-LIBRAIRE

—

1861

A MON PÈRE ET A MA MÈRE

Reconnaissance éternelle.

A la mémoire de mon frère DESIRÉ

A MA SŒUR

Attachement inaltérable.

A MON ONCLE, A MA TANTE

Dévouement.

A M. Philippe GAUDIBERT

Amitié sincère.

G.-H. LAVAL

A. M. PLANCHON

Professeur de botanique à la Faculté des sciences, directeur de l'École
supérieure de pharmacie.

Dans le cours de mes études pharmaceutiques,
j'ai éprouvé bien souvent des marques de votre
bienveillance;

Vous avez, dans ce travail, encouragé mes
recherches en les appuyant de vos conseils :

Sur le point de quitter Montpellier, où je sui-
vais avec tant de plaisir vos leçons si instruc-
tives, je vous prie d'accepter cette thèse comme
l'expression de ma vive gratitude.

G.-H. LAVAL.

Parmi les produits dont la matière médicale perd de plus en plus la trace, il en est un qui, sans offrir pour la thérapeutique une importance réelle, présente au moins pour la médecine de Montpellier un intérêt historique. La Scammonée de Montpellier (*Scammonia Monspeliaca* des botanistes médecins de la Renaissance) devrait rester, pour nous au moins, un souvenir classique de notre vieille histoire médicale, alors même que ses propriétés utiles seraient justement tombées en désuétude, et que la droguerie ne vendrait pas encore sous ce nom un produit de fabrication suspecte. Rechercher la trace de ce médicament perdu; le préparer directement et en marquer les vrais caractères; apprécier, au moins par quelques expériences, son action médicamenteuse; le distinguer nettement de la drogue fabriquée sous ce nom menteur : tel a été notre dessein. Nous voudrions que le temps limité dans lequel ont dû se renfermer nos recherches nous eût permis de mieux approfondir ce sujet. Tel qu'il est, nous le livrons à l'appréciation indulgente de nos juges, en nous consolant par l'idée que les faits ont toujours leur valeur, alors même qu'ils ne font qu'ouvrir la voie à des recherches plus étendues.

Notre travail aurait pu renfermer au moins trois parties : l'une botanique, l'autre chimique et pharmaceutique, la troisième thérapeutique. Mais un tel cadre était pour nous trop vaste, et nous l'avons resserré dans des limites plus étroites. La partie botanique restera donc réservée, et nous n'en donnerons qu'une esquisse. La partie thérapeutique, étrangère à nos études spéciales, pourra tenter quelqu'un des élèves distingués de notre Faculté de médecine : nous l'effleurons sans avoir la prétention de la traiter. Quant à la partie pharmaceutique et médicale, nous la considérerons comme notre objet principal, et si, dans la façon de la traiter, nos forces ont trahi nos désirs, nous n'avons rien avancé, du moins, dont nous n'ayons vérifié l'exactitude dans les limites de nos connaissances.

ÉTUDE

SUR

LA SCAMMONÉE

DE MONTPELLIER

PREMIÈRE PARTIE

ÉTUDE BOTANIQUE

Tandis que les Scammonées véritables se recueillent en Orient, sur la partie souterraine des tiges de deux *Convolvulus*, la Scammonée dite de Montpellier devrait avoir pour base le suc laiteux ou l'extrait d'une plante de notre plage, que certains botanistes modernes appellent *Cynanchum acutum*, mais que nous préférons nommer, avec Gouan et de Candolle, *Cynanchum Monspeliacum*. Les deux noms *acutum* et *Monspeliacum* se trouvent également dans le *Species* de Linné, appliqués à deux formes que ce botaniste croyait être deux espèces; mais, en admettant cette espèce unique, il nous semble bien préférable d'adopter le nom de *Monspeliacum*, qui rappelle l'habitation classique et en quelque sorte l'histoire médicinale de l'espèce (*Scammonea Monspeliaca*), au lieu du prosaïque nom d'*acutum*, qui n'exprime pas même un caractère saillant de cette plante, à feuilles cordées ou hastées. Les deux variétés se trouvent mêlées sur notre plage, passant de l'une à l'autre par nuances.

Résumons d'abord la synonymie de la plante; ce sera presque le sommaire de son histoire botanique.

Cynanchum Monspeliacum *L. Sp.*, *p.* 212.—*Gouan, Hort. Monspel.*, *p.* 120. — *Id. Fl. Monspel.*, *p.* 57. — *Id. Mat. médicale*, *p.* 99. — *De Candolle, Flore française*, *III*, 667. — *Duby, Bot. gall.*, *I*, *p.* 524. — *Guibourt, Hist. des drogues*, *édit.* 5, *T. II*, *p.* 495.

Scammonea Monspeliaca foliis rotundioribus *Bauh. Pinax*, 294. — *Magnol., Bot. Monspel.*, *p.* 232.

Periploca Monspeliaca foliis rotundioribus *Tournef., Instit.* 93.

Apocynum Scammoneæ facie Monspeliacum ,
foliis rotundioribus , *Magn.*, *Hort. reg.*, 20.

Apocynum IV latifolium , Scammonea valentina
Clusius, *Histor. rar.*, *I*, *p.* 126.

Cynanchum acutum *L. Spec.*, 310. — *Willd.
Sp.*, *I*, 1254. — *Rob. Br.* — *Decaines in De Candolle*, *Prod. VIII.* — *Godron et Grenier, Flore
franç.*, *II*, 478.

Apocynum III latifolium *Clus.*, *Hist.*, *I*, 125.

Scammoneæ Monspeliacæ affinis foliis acutioribus
Bauh. Pin., 294.

Periploca Monspeliaca foliis acutioribus *Tour-
nefort*, *Instit.*, 93.

Periploca prior *Dodoens, Pemptad.*, *p.* 408 (*cum
icone*).

Apocynum latifolium amplexicaule *et* Scammonea
Monspel. sive valentina *Chabræus*, *Icon.*, *p.* 119.

Le *Cynanchum Monspeliacum* est abondant dans
la partie de notre plage maritime qui s'étend entre
les étangs et les dunes; il abonde surtout près de
Maguelone , s'enroulant autour des joncs et autres
plantes du côté méridional des étangs.

Les tiges volubiles , les feuilles opposées , rappe-
lant par leur forme tantôt celles du liseron , tantôt
celles du *Smilax aspera*, sa teinte le plus souvent glau-
que , le lait qui découle aisément de ses tiges , tout cela

forme un ensemble de traits auxquels il est impossible de méconnaître la plante, même en l'absence de ses petites fleurs en étoile d'un blanc rosé, et de ses fruits, qui, munis d'un péricarpe fusiforme et s'ouvrant à sa face interne (il y a tantôt un, tantôt deux carpelles), laissent échapper des graines à duvet soyeux. Ces caractères si particuliers nous dispenseront d'une plus ample description. Constatons seulement que les tiges aériennes, les seules qui, avec les feuilles, donnent un suc blanc, périssent tous les hivers ; mais que des rhizomes souterrains, ayant tout à fait l'apparence de racines, rampent au-dessous du sol, prêts à pousser des tiges nouvelles, même de leurs plus petits tronçons, et assurant à la plante une multiplication tellement abondante, que Clusius s'en plaint déjà comme d'une disposition malheureuse pour les jardins.

Arrêtons-nous quelques instants sur la structure de ces rhizomes.

Ce sont des tiges souterraines radiciformes, droites ou flexueuses, peu ramifiées, allongées, cylindriques, à peu près de la grosseur du petit doigt, un peu ondulées, portant çà et là sur leur longueur des fibres radicales simples à la base, et pas beaucoup plus grosses que des cordes de basse. A leur partie antérieure, de loin en loin, sur de courtes

ramifications latérales, elles donnent naissance aux
tiges aériennes, que leur gracilité relative, leur épi-
derme bientôt vert, la présence d'une moelle et d'un
suc laiteux en distinguent très-nettement. Bien que
nous ayons extrait du sable mouvant des rhizomes
d'un demi-mètre de long, nous n'avons pu en
trouver intacte l'extrémité postérieure. Leur couleur,
qui sur le frais est d'un jaunàtre sale, passe au gri-
sâtre par la dessication.

L'écorce en est épaisse et charnue; extérieure-
ment, elle présente une couche subéreuse plus ou
moins ridée et gercée dans le sens de la longueur,
surtout sur le sec. Plus intérieurement, dans un
parenchyme blanchâtre, renfermant à peine des
traces de fécule et ne laissant exsuder aucun suc,
une coupe transversale met à nu des masses iné-
gales et irrégulièrement distribuées, d'un tissu
jaunâtre, dur, composé de cellules courtes et épaisses, dont la coupe transversale est à peu près un
cercle un peu polyédrique, avec une petite cavité
centrale, d'où rayonnent probablement des canali-
cules qui donnent aux parois coupées une apparence
striée.

Le corps ligneux, très-fragile, comme l'écorce
elle-même, dans les exemplaires secs, présente à
l'œil, sur sa coupe transversale, des ouvertures
serrées, larges et arrondies, de gros vaisseaux ponc-

tués, cimentés par un tissu fibro-cellulaire à cellules courtes et épaisses.

Il n'existe pas de moelle proprement dite, au moins sous forme de cylindre central ; mais sur la coupe transversale du corps ligneux on voit, à l'œil nu, tantôt comme une ligne transverse, à la façon d'un diamètre, tantôt trois lignes divergeant du centre comme trois rayons d'un cercle, lignes qui coupent le corps ligneux en deux ou trois portions, et qui sont formées de tissu cellulaire, et probablement tiennent lieu de moelle.

L'odeur de ces rhizomes est très-légèrement vireuse : leur saveur sur le sec, fade et sans arrière-goût particulier. L'iode ne bleuit d'une manière sensible que les lignes de tissu médullaire.

Telle est, dans son ensemble, l'organisation de ces tiges souterraines. Elle promet des observations intéressantes au botaniste qui voudra la suivre dans les détails, en la comparant, d'une part, à celle des tiges aériennes, et, d'autre part, à celle des fibres radicales.

Pour nous, déclinant à regret une tâche qui dépasse notre compétence, nous avons hâte d'arriver à la partie pharmaceutique et chimique de ce travail.

SECONDE PARTIE

—

ÉTUDE PHARMACEUTIQUE ET CHIMIQUE

DES SCAMMONÉES DE MONTPELLIER

—

CHAPITRE Ier

Étude du suc obtenu par incision

Lorsqu'on parcourt les ouvrages de matière médicale et qu'on y cherche les meilleurs procédés pour l'extraction de la résine de Scammonée, on voit qu'il y en a un plus généralement suivi : il consiste à couper la tige au-dessus de sa jonction avec la racine et à y pratiquer un creux hémisphérique, dans lequel se rend le suc de la plante, que l'on recueille et que l'on fait sécher au soleil. Ce procédé semblait naturellement indiqué pour la fausse Scamonnée ou *Cynanchum* de Montpellier; mais les résultats n'ont pas répondu à mon attente. Ayant pratiqué une vingtaine de ces creux à l'extrémité supérieure du rhizome, je n'ai pu obtenir aucune trace de suc.

Des incisions verticales sur la tige ne laissent exsuder qu'une très-faible quantité de lait ; ce n'est pas encore là un excellent moyen pour l'obtenir. Mais, lorsqu'on coupe transversalement à différentes hauteurs, et surtout à l'extrémité supérieure, les tiges du *Cynanchum Monspeliacum*, il en découle un suc blanc laiteux, épais, qui, abandonné au repos, se divise en deux couches : l'une, inférieure, liquide, incolore ; l'autre, supérieure, d'un blanc mat, gluante, de consistance butyreuse. L'odeur en est forte, désagréable, vireuse ; la saveur, fade. Desséché, il est d'un gris blanchâtre, en tout semblable, par ses caractères physiques, à la Scammonée en coquille, dont il existe un échantillon au droguier de l'École, donné par M. le docteur Daniel Hanbury, de Londres. Par la calcination, il laisse un faible résidu charbonneux et répand une odeur de résine qui brûle. Traité par l'éther, ce suc cède environ un cinquième de son poids d'une substance blanche, solide, s'allongeant, quand on en prend une faible quantité entre les doigts, en fils longs et tenaces ; elle est insipide et s'attache au voile du palais ; elle brûle avec une flamme blanchâtre et répand une fumée épaisse. Elle est insoluble dans l'eau, l'alcool froid et bouillant, dans les alcalis et les acides ; cependant, si on la laisse séjourner longtemps dans de l'acide sulfurique concentré, elle se colore en rouge, et le liquide prend lui-même une faible teinte rosée, ce qui semblerait indiquer que cette substance n'est pas complétement insoluble dans l'acide sulfurique, ou mieux, que, sous cette influence, elle éprouve une modification. Elle se dissout en entier dans le sulfure de carbone.

Si l'on reprend, par l'alcool, la partie du suc insoluble dans l'éther, on obtient, après un certain temps de contact et une fois l'alcool évaporé, un corps blanc, grenu, d'une odeur faible, insipide, laissant dans la bouche une onctuosité analogue à celle du beurre. Il est insoluble dans l'eau, à laquelle il communique de la lactescence ; le sulfure de carbone le dissout complétement.

Ce qui reste après le traitement par l'alcool et l'éther est une matière insoluble dans l'eau, prenant, sous l'influence de l'acide chlorhydrique concentré et bouillant, une teinte violette ; possédant, en outre, des caractères qui sembleraient la rapprocher des substances albumineuses.

CHAPITRE II

Étude du suc de Cynanchum obtenu par expression, comparativement à la Scammonée vendue dans le commerce sous le nom de Scammonée de Montpellier, Recherches sur l'origine de cette dernière substance.

J'ai pris soin de recueillir dans le commerce divers échantillons de Scammonée de Montpellier, ou qui sont vendus comme tels. Aucun des droguistes auxquels je me suis adressé n'a pu me donner de renseignements précis sur la nature de cette substance et sur les différents moyens employés pour l'obtenir. Les maisons Ménier et Dorvault, qui ont mis libéralement à ma disposition plusieurs échantillons de leur droguier, pensent, sans toutefois l'affirmer, que cette substance, qui leur vient du midi de la France, est un produit de laboratoire. Désireux d'élucider cette question, je me suis adressé à M. Aubin, pharmacien de 1ʳᵉ classe, membre du conseil d'hygiène à Marseille. Voici les renseignements qu'il s'est empressé de me communiquer comme obtenus à bonne source. Cette Scammonée ne se prépare pas à Marseille; elle y arrive d'Allemagne, de Stuttgard surtout. Une très-faible quantité reste en France. Le reste est expédié sur Gênes, et de là en

Amérique, à Montévidéo principalement ; on en fait usage dans ce pays pour la médecine vétérinaire. C'est donc à Marseille que cette Scammonée prend le nom de Scammonée de Montpellier, sans doute pour en faciliter la vente, en donnant à supposer que c'est le suc exprimé du *Cynanchum Monspeliacum*. Il n'existe, dans les environs de Montpellier et, si les renseignements que j'ai pris sont exacts, dans tout le midi de la France, aucune maison qui s'occupe de la préparation de ce produit, ce qui donne une certaine valeur aux renseignements que M. Aubin a eu l'obligeance de me fournir.

A part ces données, j'ai voulu m'assurer s'il y aurait quelque analogie de composition entre ces Scammonées que le commerce nous livre sous le nom de Scammonée de Montpellier, et l'extrait de *Cynanchum*. A cet effet, j'en ai pris deux échantillons : le premier provient du commerce actuel, je le dois à l'obligeance de M. Dorvault ; le second sort du droguier de M. Ménier père, il m'a été cédé avec beaucoup d'empressement. J'en ai fait une étude comparative avec l'extrait du *Cynanchum*.

Je donne, à la fin de cette deuxième partie, les résultats que j'ai obtenus, les faisant précéder de l'étude physique de ces trois corps.

2

1° *Scammonée du commerce actuel* (Dorvault).

Cette substance se présente sous la forme de galettes plus ou moins irrégulières, très-dures, noires, de 1 à 2 centimètres d'épaisseur, du poids de 30 à 50 grammes, à cassure sèche et grenue, à surface lisse; elle est complétement inodore, croquant sous la dent, d'une saveur piquante, se dissolvant très-difficilement dans la bouche, peu soluble dans l'eau, à laquelle elle cède cependant un principe extracto-gommeux. L'alcool lui enlève un principe résineux imprégné d'une matière colorante. L'iode colore fortement en bleu son décocté.

Il existe aussi des échantillons, dans le commerce, qui ont une odeur de poix-résine.

2° *Scammonée de Montpellier du droguier de*
M. Ménier père.

Cette Scammonée se présente sous la forme de masses plus ou moins irrégulières, compactes, sèches, d'un gris noirâtre à l'extérieur, à surface tantôt lisse, tantôt présentant des excavations rugueuses, à cassure terne. L'intérieur présente certains points d'une dureté excessive, d'un noir foncé tranchant singulièrement avec l'aspect de la masse, qui est blanchâtre.

L'odeur et la saveur sont peu prononcées; elle se dissout mieux dans la bouche que la précédente. L'iode colore fortement en bleu son décocté.

3° *Extrait sec de* Cynanchum Monspeliacum *, tel que je l'ai obtenu par expression des tiges, feuilles et racines prises à parties égales.*

Cet extrait attire fortement l'humidité, ce qui rend difficile sa dessication complète; il est d'un rouge brunâtre, d'une odeur un peu nauséeuse, d'une saveur légèrement amère. Il se dissout partiellement dans l'eau, qui lui enlève un principe extracto-gommeux; l'alcool en dissout près de la moitié. L'iode n'a point d'action apparente sur son décocté.

CHAPITRE III

Étude pharmaceutique et chimique

La marche à suivre pour déterminer la nature des substances contenues dans l'extrait de *Cynanchum* était tout indiquée par la composition ordinaire des sucs végétaux. On y rencontre, en effet, le plus souvent, une matière résineuse, une matière gommeuse, une matière amylacée, et quelquefois des sels. Les résines étant insolubles dans l'eau et solubles dans l'alcool, on les retire ordinairement par une macération suffisante dans ce dernier véhicule et par leur précipitation de ce liquide, par l'addition d'une suffisante quantité d'eau. Il arrive cependant quelquefois que la séparation ne peut s'effectuer, et que le liquide demeure toujours lactescent. Dans ce cas, on dose la résine par l'évaporation directe de l'alool, mais ce procédé ne donne pas des résultats aussi exacts que le premier.

Les gommes étant solubles à chaud dans l'eau, et l'alcool les précipitant en général de leur dissolution, on a recours à ces deux véhicules pour les doser.

Les matières amylacées sont ordinairement dosées

soit au moyen de lavages, qui les séparent mécaniquement des matières étrangères avec lesquelles elles sont mélangées, ou encore mieux en les transformant en glucose. Les sels sont recherchés dans le résidu qui reste après l'action des deux menstrues, et dosés suivant les règles de l'analyse chimique.

J'indique ci-dessous la marche que j'ai suivie pour faire ces analyses. N'ayant pas encore toute l'habitude qu'auraient exigée ces recherches, je ne suis pas arrivé à un résultat parfaitement exact au point de vue quantitatif; j'indique, du moins, les chiffres tels que je les ai obtenus, ayant plutôt le désir de faciliter cette étude à celui qui, après moi, y reviendra, que la prétention de la traiter complétement.

J'ai pris 10 grammes de chacune de ces substances, je les ai fait macérer durant vingt-quatre heures dans de l'alcool à 26°. J'ai donné la préférence à ce degré d'alcool, parce que, d'après des essais faits par M. Thorel (d'Avallon), et repris plus tard par M. Mouchon, c'est à ce point que l'alcool dissout le mieux les matières résineuses des Scammonées.

Après avoir filtré ces trois liqueurs, j'ai procédé à leur décoloration par le charbon animal, les faisant ensuite évaporer à l'étuve, jusqu'à consistance d'extrait sec; j'ai cru pouvoir ainsi doser la résine.

J'ai repris les trois parties de ces substances qui avaient échappé à l'action de l'alcool, et les ai fait macérer durant vingt-quatre heures dans 200 grammes d'eau, afin d'extraire tout ce qui était soluble dans ce nouveau véhicule. Ces liqueurs, concentrées à une douce chaleur jusqu'à réduction de moitié de leur volume, ont laissé déposer, après une addition suffisante d'alcool, une matière gommeuse que j'ai recueillie sur un filtre. Le liquide qui tenait en snspension cette gomme a laissé, par l'évaporation, une matière extractive.

En agissant ainsi, j'ai obtenu avec la Scammonée de M. Ménier et l'extrait de *Cynanchum* une séparation bien tranchée entre la gomme et la matière extractive; mais, avec celle de M. Dorvault, le liquide est demeuré lactescent, et je n'ai pu en séparer la matière gommeuse ni par une exposition au soleil, ni par des filtrages successifs. J'ai pris alors le parti de doser, pour cet échantillon seulement, à la fois la gomme et la partie extractive soluble dans l'eau.

Les parties insolubles dans l'alcool et l'eau présentaient des différences assez tranchées. Celles qui provenaient de l'extrait du *Cynanchum* étaient foncées en couleur, l'iode n'avait sur elles aucune action; tandis que celles qui provenaient des Scammonées de M. Ménier et de M. Dorvault offraient, dans les vases qui avaient servi à les recueillir, des couches assez distinctes, les unes presque blanches, les autres d'un gris approchant du noir. L'iode les colorait toutes les deux énergiquement en bleu.

Après avoir constaté dans l'extrait de *Cynanchum* l'absence de toute matière amylacée, j'ai desséché à l'étuve le résidu insoluble dans l'alcool et dans l'eau et j'ai pu le peser.

Je venais d'indiquer, dans les deux autres résidus qui me restaient, la présence d'une matière amylacée; il convenait de la séparer de la substance noire avec laquelle elle était mélangée. J'ai cru que le moyen le plus commode, et en même temps le plus sûr, était de la transformer en glucose; j'y suis arrivé en faisant bouillir à peu près vingt minutes le résidu dans de l'eau distillée, contenant environ deux centièmes d'acide sulfurique.

Si ces matières insolubles ne contenaient qu'une partie amylacée et une partie terreuse, la première m'était indiquée par la différence de deux pesées, l'une effectuée avant l'action de l'acide sulfurique, l'autre sur la partie insoluble restée sur le filtre alors que la transformation en glucose était opérée.

J'ai pu faire une vérification en dosant le sucre au moyen de la liqueur titrée de Trommer, et calculant par les équivalents les quantités correspondantes d'amidon.

ANALYSE COMPARATIVE

Quantité de matière employée

10 grammes

	Scammonée Dorvault	Scammonée Ménier	Extrait de Cynanch.
Résine	2 10	1 »	4 25
Gomme.............		» 55	1 75
Matière extraite soluble.	1 »	1 20	2 95
Matière amylacée......	5 »	5 90	» »
Matière terreuse	1 75	1 10	» 75

On voit, d'après les essais qui précèdent, qu'il n'y a aucune analogie entre l'extrait de *Cynanchum* (expression des feuilles, tiges, racines) et les Scammonées vendues dans le commerce sous le nom de Scammonée de Montpellier.

Existerait-il, à notre insu, dans le midi de la France, une localité où l'on préparerait cette substance, en s'adressant pour l'obtenir seulement au rhizome de la plante ? C'est peu probable, car cette partie est très-sèche, nullement pourvue de ce suc blanc qui exsude par incision des tiges et des feuilles. Si l'extrait qu'on obtient en faisant bouillir les racines avec de l'eau, afin d'émulsionner le peu de gomme-résine qui pourrait s'y trouver; si, dis-je, cet extrait aqueux, traité par l'iode, donne une faible coloration bleue, caractère que les Scammonées de commerce possèdent à un haut degré, il importe de signaler comme différence qu'il est presque entièrement soluble dans l'eau, tandis que les échantillons dont j'ai donné ci-dessus l'analyse ont environ les deux tiers de leur poids insolubles dans ce même véhicule.

Dans un travail qui a été publié par M. Thorel, pharmacien à Avallon, inséré, en 1854, dans le *Journal de pharmacie et de chimie* (tome 20, p. 106), nous voyons que la Scammonée en galettes qu'il a analysée ne contenait que 9 °$|_o$ de résine. Sur les deux échantillons que j'ai essayés moi-même, l'un en a donné 21 °$|_o$, l'autre 10 °$|_o$: cette différence de composition dans ces trois Scammonées montre, en dehors de toute autre considération, que les Scammonées du commerce vendues sous le nom de Scammonées de Montpellier ne proviennent pas d'une même origine, et qu'elles pourraient bien être un produit variable de laboratoire.

IDÉE SUR LES PROPRIÉTÉS THÉRAPEUTIQUES

DU SUC DE *CYNANCHUM MONSPELIACUM*

Les auteurs qui ont traité des propriétés du suc de *Cynanchum* sont généralement assez peu explicites : les uns répètent ce qu'en ont dit leurs devanciers ; les autres se font l'écho de l'opinion de leurs contemporains sur la valeur de cette substance.

C'est d'abord Lobel, qui, dans ses *Advers.* (p. 275), dit que, de son temps, le suc de *Cynanchum* était employé comme purgatif, à plus forte dose et avec un moindre effet que la Scammonée vraie. Après lui, Magnol, dans son *Botanicon Monspeliense* (p. 232), et Geoffroy (*Traité de matière médicale*, p. 353), signalent aussi, avec des remarques semblables quant aux doses, la vertu purgative du suc de *Cynanchum*.

Vers la fin du xviiie siècle, Gouan, à qui la flore de Montpellier était familière, signale aussi le *Cynanchum;* il parle du suc blanc qui découle de toute la plante, comme drastique et vénéneux.

Nous ne pouvons attribuer à notre plante les propriétés que Dioscoride assigne à son *Apocy-*

num, qui avait, selon le rapport de ce naturaliste, un suc jaune, tandis que le nôtre a un suc blanc.

Les expériences dont parle Clusius, relatives à l'action toxique d'un *Apocynum* (*Cynanchum*) sur des chiens, ont trait à son *Apocynum latifolium I*, ou *Marsdenia erecta* des botanistes modernes.

Parmi les auteurs de notre époque, nous n'en trouvons aucun qui parle des propriétés médicamenteuses du suc de *Cynanchum*. M. Guibourt, et plus tard M. Thorel, ont bien fait une étude de la Scammonée vendue dans le commerce sous le nom de Scammonée de Montpellier; mais, d'abord, il n'y a aucune analogie entre cette drogue et l'extrait de *Cynanchum*, et ensuite ces savants se sont appliqués, l'un à la description physique de cette substance, l'autre à sa composition chimique; aucun d'eux ne parle de ses propriétés thérapeutiques.

Avec des connaissances si peu avancées sur ce sujet, il aurait fallu, pour arriver à des données positives, de nombreuses expériences, suivies attentivement par un médecin habile. Ce n'était donc pas de notre compétence, et des quelques essais qui suivent nous ne prétendons nullement tirer des conclusions définitives.

1° J'ai administré à un chien de taille moyenne et vigoureux, le matin à jeun, 2 grammes 50 cen-

tigrammes de suc de *Cynanchum* obtenu par incision; il n'a éprouvé que de faibles coliques et quelques mouvements convulsifs manifestés par des cris.

2ª M. L. A..., âgé de trente-deux ans, doué d'un
tempérament sanguin, qui était habitué aux pur-
gatifs salins et résineux, prit le matin, à jeun,
2 grammes d'extrait alcoolique de *Cynanchum*. Il
eut dans la matinée un mouvement bien prononcé
dans le tube intestinal; dans la soiree, il éprouva
des coliques assez fortes. Ces phénomènes ne furent
point suivis de selles.

3° M. H.-G. L..., âgé de vingt-cinq ans, d'un
tempérament nerveux et irritable, prit le matin, à
jeun, 1 gramme 50 centigrammes du même extrait.
Quelques heures après, il éprouva des coliques assez
intenses, suivies de deux selles peu abondantes et de
nature un peu diarrhéique.

Le même sujet prit, huit jours après, 2 grammes
de la même substance. Cette fois les coliques furent
plus profondes et plus tenaces; il n'y eut cependant
aucune selle.

Ces deux essais déterminèrent chez lui une irritation sur le tube intestinal, irritation à laquelle il
est, du reste, naturellement sujet. Il fut, par suite,

obligé de cesser des expériences qu'il aurait vivement
désiré continuer.

Ces quelques observations, quoique peu con-
cluantes, permettent du moins de supposer que
l'action thérapeutique du *Cynanchum* n'est pas d'une
grande valeur. Il est possible qu'à une dose plus
élevée que celle où nous l'avons essayé il puisse
produire un effet purgatif ; mais le médecin qui
l'emploiera devra tenir compte de ses effets dras-
tiques.

Un praticien distingué nous a promis de faire de
nombreux essais sur la valeur de cette substance ;
nous serons heureux de faire connaître dans la suite
le résultat de ses expériences.

FIN.

159

www.ingramcontent.com/pod-product-compliance
Lightning Source LLC
Chambersburg PA
CBHW070722210326
41520CB00016B/4421